Handmade earrings by artisans

耳環小飾集
人氣手作家の好感選品25

袖珍黏土 ‧ 花藝 ‧ 金工 ‧ 花編結 ‧ 植物染布花 ‧ 刺繡
6 種獨具特色的手作領域 ×25 件手感創作耳環

郭桃甄 ‧ 張加瑜 ‧ 王伯毓 ‧Amy Yen ‧Nutsxnuts ‧RUBY 小姐◎著

Contents

Clay Miniatures Earrings

袖珍黏土耳環

結合指尖上的袖珍藝術,將多肉植物百變的造型,作成飾品隨身「戴」著走,在手中捏製出自己喜歡的,屬於自己的肉肉耳環!成就感,就在完成的一瞬間,在小小世界裡,獲得大大滿足。

服裝 · 髮帶 ▶ Studio WENS 溫室

Profile

郭桄甄

「日本袖珍藝術協會」台灣分部長。從事袖珍藝術創作 20 年，在台灣及日本多次展覽，致力推廣袖珍藝術，將生活日常場景，結合複合媒材創作，以袖珍呈現，把美好都縮小收藏在手心，認為生活中處處是驚喜，隨時隨地皆可發揮創意，用指尖的小小力量，捏出一份無比倫比的迷你又迷人的世界。

f 粉絲專頁
郭桄甄袖珍藝術工作室
Instagram
kuang_mini

耳環創作物語

生活中的美好，需要營造。

我的好友擁有一間多肉植物庭院，我總喜歡在那窩上一天，細細的觀察每一種植物的樣貌，從葉片形狀到顏色，還有它們身上紋路，一次次的記錄，成為了我最好的創作養分。

看著這些多肉們，厚實的葉瓣、微妙的色調，努力的向上生長，充滿大地的力量，真的好令人著迷。

在創作多肉飾品的過程中，從塑型葉片、組合造型、到上色，在指尖要表現出多肉的姿態，真的需要多點細心，想著每個季節會適合什麼樣子的耳環呢？以這樣的心情，完成每一個作品，結合多樣化的素材，金屬、玻璃、鐵線、石粉土、塑膠蓋等，發揮創意，製作出意想不到的效果，透過雙手，將多肉捏塑成型，這美好的小世界，令人深深著迷呢！

Creative ideas

Nordic
Cottage

北歐小屋

以石粉黏土作出的北歐風小屋，透過簡單的技法，輕鬆完成手繪感十足，充滿童趣的小屋，窗口上，捏塑組合喜愛的多肉們，為生活增添一絲綠意。

建議搭配多肉植物▶
紀之川・桃美人・空氣鳳梨

服裝・髮帶▶Studio WENS 溫室
帽子▶攝影師私物

多肉小盆

小巧可愛的花器,是以日常生活中
隨手可取得的小蓋子,變身小盆器作成的喲!
放上一株手捏多肉,
為日常的穿搭,種下簡單溫暖的綠意氣息。

建議搭配多肉植物▶山形玫瑰‧空氣鳳梨

Potted plant

wreath

Zakka 藤圈

打造一只直徑約 3cm 的森林系花圈，以迷你多肉植物
捏塑、鐵線纏繞技巧技法，再佐以金屬裝飾小物點綴，
就能作出手心裡可愛的鄉村藤圈裝飾喇！

建議搭配多肉植物▶紀之川·乙女心·桃美人·金色光輝

服裝·髮帶▶Studio WENS 溫室

Succulent

玻璃球多肉

喜歡小小可愛的多肉們，被玻璃球包覆著，把最療癒的多肉植物與透明感完美結合，在玻璃球中，細細品味最療癒的微景世界。

建議搭配多肉植物▶乙女心・星美人

基本工具介紹

工具

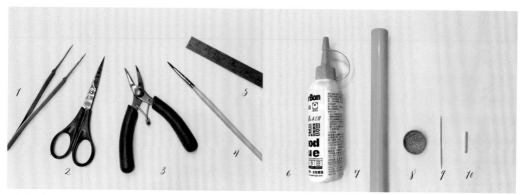

1. 鑷子　3. 尖嘴鉗　5. 小鐵尺
2. 小剪刀　4. 小水彩筆

6. 白膠　8. 小砂子　10. 小木柱
7. 桿棒　9. 牙籤

材料

1. 石粉黏土
2. 透明樹脂土
3. 樹脂土

壓克力顏料。

1. 28 號花藝鐵絲　4. 造型掛飾
2. 耳鉤　　　　　 5. 金屬蓋
3. C 圈　　　　　 6. 玻璃球

袖珍多肉植物基本作法

桃美人

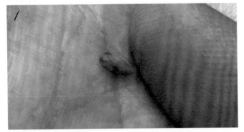

以指尖搓出水滴型。

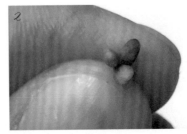

依序將三片組合為中心。

分別組合，一層層貼上葉片。

由上至下，調整其姿態。

以小剪刀修剪下端，呈斜邊剪除多餘黏土。

靜置待乾，完成。

乙女心

以指尖搓出水滴型，將前端搓出微棒槌型。

第一層作出三個，將三個葉片組合為一組。依序以指腹貼上。

分別組合，一層層貼上葉片，並調整其姿態。

葉端刷上暗紅色壓克力顏料（微量乾刷即可）。

以小剪刀修剪下端，呈斜邊剪除多餘黏土。

靜置待乾，完成。

星美人

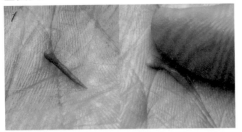

以指尖搓出水滴型,將前端搓出微棒槌型。以指腹力量將其前端壓扁,呈現圓扁狀。

依序將三片組合為中心。

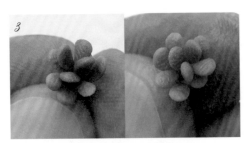

分別組合,一層層貼上葉片,調整其姿態。

葉端刷上暗紅色壓克力顏料(微量乾刷即可)。

以小剪刀修剪下端,呈斜邊剪除多餘黏土。

靜置待乾,完成。

山形玫瑰

以指尖搓長條型，約1cm，再以指腹將其壓扁，呈長扁狀。

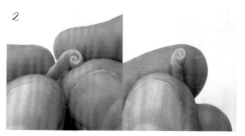

從邊緣捲起一圈，為第一層中心。再將中心下圍搓長，中心呈現花苞狀。

將黏土搓小圓後壓扁，呈現圓扁狀。

從葉片中心，圍繞貼上三片葉片，為第一層，依序一層層貼上葉片，調整其姿態。

以小剪刀修剪下端，呈斜邊剪除多餘黏土。

靜置待乾，完成。

紀之川

以指尖搓出水滴型。

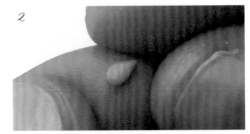

將水滴前端捏尖。

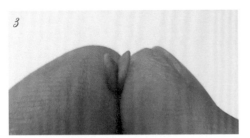

將2片葉片以指腹貼上，作為中心層。

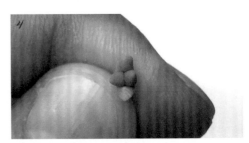

分別在對應位置上，貼上葉片，一層為對面2片。

由上往下一層層貼上，約3至4層，並調整其姿態。

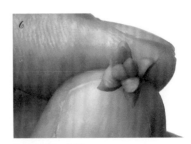

靜置待乾，完成。

空氣鳳梨

以指尖搓出長條型，將兩端搓尖，呈細長狀。

共作出6至8根。

拿起一根對摺，呈現V型狀。依序以相同作法一層層貼上對摺好的葉片。

將所有葉片，組合在一起，並將尾端搓細尖狀，調整其姿態。

以小剪刀修剪下端，呈斜邊剪除多餘黏土。

靜置待乾，完成。

金色光輝

以指尖搓出水滴型,將兩端搓出微尖,呈現米粒狀。

再以指腹將其壓扁,保有些許厚度。

接著用牙籤將葉片中間壓出凹槽。

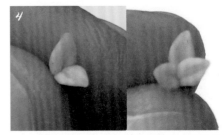

第一層將2片葉片貼上,尾端轉為尖,接著貼上第三片,組合在一起,作為中心。

分別組合,一層層貼上葉片,並調整其姿態。

靜置待乾,完成。

學會了不同種類的多肉植物作法，
就可運用在作品中，
任意組合裝飾，
隨心所欲，樂趣無窮！

服裝▶Studio WENS 溫室
帽子▶攝影師私物

Nordic Cottage

北歐小屋

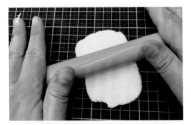

取適量石粉黏土，搓圓後使用桿棒，桿出厚度約0.3cm黏土片。

使用小鐵尺裁切成屋子形狀，一次可裁切多棟小屋。

將邊緣的黏土纖維，以指腹沾水將其抹平。

在黏土未乾時，使用小木柱於小屋表面按壓出門窗形狀。

牙籤沾水後，在前端壓出一個洞，作為吊飾孔。

完成小屋基座。

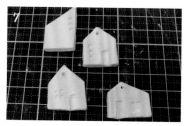

作出自己喜愛的屋型，靜置待其完全乾燥。

使用壓克力顏料完成仿舊效果，將土黃色顏料加水稀釋，淡淡地塗在表面，以不均勻的水感，作出效果。

將屋頂、窗戶、門，塗上自己喜愛的色彩。

畫好後，靜置待乾。（依個人喜好，可在表面塗上水性透明保護漆）

在小屋上畫上喜愛的圖案和色彩，可變化不同造型。

將喜愛的多肉，以白膠黏上組合。

依小屋造型組合多款，單一或多株，可呈現各種不同的面貌。

以尖嘴鉗將耳鉤組合，作品即完成。

Potted plant

多肉小盆

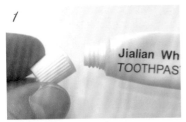

1

取旅行用的小牙膏蓋，洗淨後擦乾，作為小花盆。

2

在牙膏蓋裡塗上白膠，留下上圍一部分不要塗膠。

3

在蓋子裡塞入咖啡色黏土。

4

以鑷子將黏土壓緊實。

5

在黏土表面均勻地塗上白膠。

6

鋪上小沙子，平均地撒在表面。

7

完成花盆基底。

8

將9針沾上白膠後，再放入盆中。

9

選擇喜愛的多肉2款，可選擇顏色不同作為組合，
更加具有變化感。

10

多肉底部沾上些許白膠，插入土中，待乾。

11

加上耳鉤，以尖嘴鉗將其組合。

12

作品完成。

wreath

Zakka 藤圈

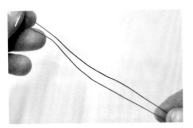

取2條28號咖啡色花藝鐵絲。

在兩根指頭上纏繞成圓形。

繞到鐵絲剩一半時取下。

將剩下的兩條鐵絲,開始繞在圈上。

纏繞時呈現出空隙,隨意將鐵絲繞上,不需要纏得太緊。

以其中一段鐵絲旋轉繞出一個圈型,作為掛勾。

7

如圖完成藤圈。

8

使用尖嘴鉗，將喜愛的裝飾品加上C圈掛上。

9

加上耳鉤，使用尖嘴鉗將其組合。

10

選擇喜愛的4款造型多肉植物，可選擇顏色不同的種類組合，增加其變化性。

11

使用白膠黏接在完成的藤圈上，隨意擺在喜歡的位置，待乾。

12

作品完成。

Succulent

玻璃球多肉

準備好製作作品使用的迷你玻璃球、
金屬蓋子。

玻璃球底部以牙籤沾上白膠。

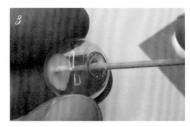

將白膠均勻地厚塗一層於底部。

從洞口鋪上小沙子,鋪在底層。

如圖底部作出有沙層的樣子。

選擇喜愛的2款造型多肉植物,可
選擇顏色不同種類的組合,較為可
愛,若洞口較小,可選擇尺寸小的
多肉裝飾。

7

以鑷子調整多肉的位置，完成組合。

8

將金屬蓋裡沾上白膠，將洞口蓋起。

9

靜置待乾，玻璃球組合完成。

10

加上耳鉤，以尖嘴鉗將其組合，作品
完成。

Flower Earrings

花藝耳環

好的穿戴是一種品味，
因此在選用設計材料時，
獨特性和細節感都很重要。
尺寸越是迷你的作品，
精緻度就要越高，
讓飾品的每一個細節
都散發出材料的個性美，
讓配戴飾品的人
自然而然地表現出個人品味。

服裝▶Studio WENS 溫室

張加瑜

現為艾瑞兒花藝總監。室內設計師出身，因此對花卉與色彩有獨特而專業的詮釋，目前為UDS 不凋花協會台灣區講師、NIFA 花藝協會講師、橋口學歐式花藝講師，負責花藝設計與教學，並專注於研究各式媒材與花藝創作，更榮獲日本的不凋花製作技術競賽冠軍。著有：《圓形珠寶花束》、《設計師的生活花藝香氛課》、《不凋花調色實驗設計書》等書。

f 粉絲專頁
艾瑞兒花藝 Ariel's Flower

Instagram
ariel_flower_design

網站
https://www.arielsbouquet.com/

Profile

耳環創作物語

Creative ideas

創作之前，我常常花很多時間作概念的延伸和發想，當主題被拋出後，如何實現主題，便是概念中最重要的事。概念就像從主題延伸出來的觸鬚，朝向四面八方網羅各式各樣的線索，而集合這些線索，主題便能顯而易見。當我們缺乏概念的線索時，放下身邊所有繁雜事物，走出戶外、看看展覽、逛逛市集、欣賞街上的人事物⋯⋯給自己沉澱靜心的時間，心思便能清晰而一覽無遺。

「女性」，是這次耳環創作的主題，藉由四款作品闡述四種不同個性主張的女性。畫家以畫筆來描繪女性的姿態美，作家以文字來描述女性的個性美，而我身為花藝師，便以花的創作來表達女性各種數不盡的美⋯⋯

關於女性，作家常以花來比喻她們的柔美和婀娜多姿。不同的女性有不同的性格，不同的花朵也有不同的個性和姿態，還有花開時的表情，都給人完全不一樣的感受。蒐集需要的四種女性特質，呈現在四款耳環設計中，便是這次的主題和概念，並加入許多異材質設計，例如流蘇、羽毛、蕾絲、金屬片⋯⋯等強化各式女性特質和不同個性的展現，其中「盛放的玫瑰」這款耳環，就是想要設計給所有如花朵盛放中的女性佩戴。

花朵從含苞到開花到盛放，有三種不同的階段：含苞的羞澀感、開花的自由感、盛放的成熟感，用來比喻不同時期的女性們。盛放的花朵，熱情而奔放，自由而有個性，是最不吝於展現美的時候。鮮明的黃綠色玫瑰是綻放中的熱情，明亮的顏色帶來成熟的自信感，精緻水晶珠與珍珠隱喻著細節與品味。許多微小的細節，在這小小的耳環裡被看見的更明顯，每一朵花的選用需精心挑選著，顏色仔細搭配著，每一顆珠子的大小、羽毛長度比例都至關重要，希望呈現的是無比的精緻感，讓每一個角度都能襯托出完美的側臉。

盛放的玫瑰 *Rose*

選用進口的迷你新鮮白玫瑰製作成不凋玫瑰花，
將花色調配成鮮明又具有成熟感的黃色，
周圍點綴的是同樣自製的橘紅漸層感繡球花瓣。
利用黃色、橘色、金色系的材料點出成熟自信，
盛開的玫瑰花是經過歷練，自由奔放的女性象徵。
光芒四射的施華洛世奇水晶珠帶出精緻的質地，
垂墜的珍珠裝飾與細蝴蝶結，則展現女性的優雅風情。

不凋花製作方法請參閱▶《不凋花調色實驗設計書》噴泉文化出版

Poetic

溫柔如詩

細緻而溫柔的蕾絲與白色羊毛布，
表現出柔軟的特質，
白色薔薇含蓄而羞澀的綻放著，
晶瑩剔透的骨董玻璃鈕，陪襯出優雅的韻味。
腦海中勾勒出一位身著白衣的優雅女性，
輕輕地走出門外，身後裙襬飄揚，
耳畔的流蘇擺動，閃著金色的玻璃光，
高雅的紫色散發出楚楚動人的溫暖情懷。

服裝▶Studio WENS 溫室

Passion

熱烈的心

芙烈達·卡蘿是 20 世紀的女性畫家與女性主義代表，
喜愛使用帶有異國色彩的明亮色作畫，
大膽而無隱晦的描繪自己的肖像。
來自她畫作所給予的靈感，
耳環上的小菊散發著強烈的色澤，
那炙熱的紅色彷彿是一顆炙熱的心和女性的自我表達，
華麗的顏色及大膽的線條中強調出自身的獨特。
紅色、藍色、綠色等高彩度的色調是一種態度，
充分表達出自己的個性並熱烈地綻放著。

隨風徜徉

有著自由的個性，
旅居在沙漠、叢林中、鄉野間……
帶著無拘無束的表情徜徉在風裡。
以木頭和銅色的金屬片表達那份自然感，
輕盈的羽毛在風中飄揚，
讓大地色系去呈現叢林與野地的氣息，
描繪在焦糖色咖啡色的玫瑰花上，
一串串的花片散發著隨性的活力與瀟灑的美。

服裝▶Studio WENS 溫室　戒指▶VIC WANG

Fluttering

基本工具介紹

製作飾品是細膩的的作業，
小型鉗子和夾子
是不可或缺的基本工具，
另外還會使用到針線及熱熔膠，
各式大小不同功能的剪刀
也別忘記喔！

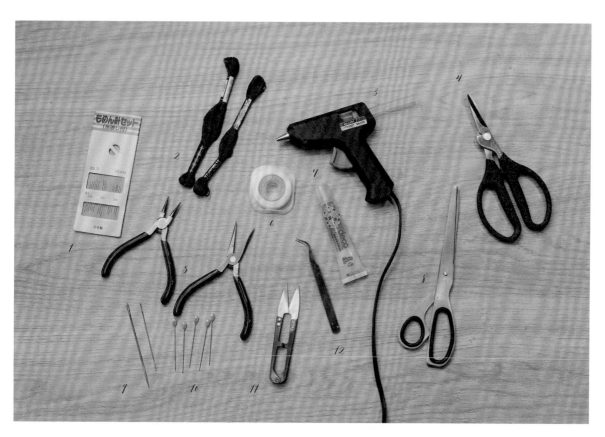

1. 縫衣針（細）　　4. 花剪　　7. 水鑽膠　　10. 大頭針
2. 繡線　　　　　　5. 鉗子　　8. 布剪　　11. 紗剪
3. 熱熔槍 & 熱熔膠　6. 透明線　9. 縫衣針（粗）　12. 鑷子

Rose

盛放的玫瑰

工具 縫衣針（細）・繡線・熱熔槍＆熱熔膠・花剪・鉗子・透明線・布剪・大頭針・紗剪・鑷子

材料 細緞帶・白色羊毛布・蕾絲・T針・C圈・蕾絲花片・耳夾・金屬鏈・珍珠飾品・自製不凋繡球花・自製不凋玫瑰花與花苞・日本不凋滿天星・自製不凋高山羊齒・施華洛世奇水晶串珠

兩片2cm圓形羊毛布縫合後留返口。將相同大小的透明片，放入其中增強硬度，再以藏針縫縫合返口。

以熱熔槍將蕾絲花片黏上，作底部裝飾。

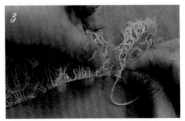

剪下約4至5cm寬的咖啡色蕾絲，以平針縫固定。

整段蕾絲長度約為10至15cm，抽皺成花瓣狀後，底部以線捆起。

施華洛世奇水晶串珠以透明線穿成葉片狀，製作三個大小尺寸，尾端的透明線需綁緊打結。

將珍珠或飾品和金屬鏈串成三條不同長度的裝飾鏈，裝飾鏈的其中一條裝上一個C圈備用。

縫成花瓣狀的咖啡色蕾絲，黏在底台上。挑選大而完整的繡球花瓣黏在蕾絲旁，重疊2至3小瓣，接著再黏上施華洛世奇水晶串珠葉片大小各一。

將玫瑰花的花莖剪短，讓花朵底部與花萼的位置保持平坦，這是讓花朵更容易黏合的小祕訣。

取三顆金色、咖啡色、透明色或珍珠色的珠子，穿過T針彎摺成圖片中的樣子，珠子的大小可以略為不同。

接著將玫瑰花、花苞、高山羊齒、穿過T針的珠子、滿天星依序以熱熔膠黏上，排列出高低層次。

將步驟6的三條裝飾鏈圈裝於同一個C圈，使用針線固定在耳環的背面處下方，作出垂墜感的設計。

想讓整體的精緻感更豐富，可將兩條細緞帶打成蝴蝶結，緞帶的寬度越細會越精緻，也可兩條粗細或紋路不同。

蝴蝶結以熱熔膠黏在耳環一側偏下方位置，讓蝴蝶結自然地垂下，形成一小段流蘇的感覺。

素材都黏貼完畢之後，於背面黏上耳夾，要考慮耳環的重量，如果素材較多，記得選用較大的耳夾。

以相同作法製作左右對稱的另一邊耳環，製作時可以在鏡子前比劃，感覺素材的位置安排是否妥當。

工具 縫衣針（細）・繡線・熱熔槍＆熱熔膠・花剪・布剪・大頭針・紗剪・鑷子

材料 白色羊毛布・雙色繡球花・自製不凋玫瑰葉・自製不凋千日紅・蕾絲・施華洛世奇水晶串珠・米珠・耳夾配件・日本不凋薔薇・骨董玻璃釦・水鑽飾品・小毛球・細蕾絲・羽毛

1 取一塊寬5cm長約8至10cm的白色羊毛布，尾段剪成流蘇狀。

2 選擇漂亮精美的白色蕾絲，邊緣有細細睫毛感的為佳，覆蓋1/2大小。

3 將羊毛布與蕾絲往後翻摺，以大頭針固定後，縫合兩者。

4 以熱熔膠黏上另一種款式的蕾絲，增加多層次的細緻感。

5 以針線縫上各式美麗的玻璃釦、米珠、施華洛世奇水晶串珠，形成高低錯落群聚感。

6 在整體的右上角黏貼自製不凋玫瑰葉約2至3片，部分葉子可稍微相互重疊。

7

將薔薇的花莖剪短，讓花朵底部與花萼的位置保持平坦，使花朵更容易黏合。

8

剪去花莖的薔薇黏在靠近玫瑰葉的位置上，要露出原先縫好的釦子與珠子。

9

接著將千日紅、繡球、滿天星、依序使用熱熔膠黏在薔薇的周圍，保持各式花材間高低感的層次會更好看。

10

靠近繡球花的位置黏上細蕾絲，可將蕾絲線頭藏在其他蕾絲下方。

11

接著黏上長長白色羽毛，同樣也將羽毛頭的部分藏在蕾絲下方，羽毛的部分長短不一更能展現輕盈飄逸感，數量約為6至7條。

12

羽毛位置加上更多細蕾絲，並檢視耳環整體，可再補充花材、釦子與珠子。

13

將耳夾固定在金屬圈上，金屬圈的大小視耳環尺寸作調整，金屬圈可以利用9針自行DIY或以耳鉤代替。

14

先決定耳夾配戴的高度，再以針線將金屬圈固定在耳環背面處。

15

以相同作法製作第二個耳環，作成左右對稱的設計，兩個耳環的玻璃釦與珠子等素材可稍微不同。

Passion

熱烈的心

工具　縫衣針（細）‧繡線‧熱熔槍＆熱熔膠‧花剪‧鉗子‧水鑽膠‧布剪‧大頭針‧紗剪‧鑷子

材料　綠色羊毛氈布‧手工燙花片‧文化線（粗）‧仿真繡球花‧自製不凋松蘿‧日本不凋小菊‧閉口圈‧仿真葉子與松蘿‧各式珠子‧C圈‧夾扣‧施華洛世奇貼鑽‧T針‧金屬花配件‧耳夾‧花蓋‧花帽‧施華洛世奇珍珠‧花藝鐵絲

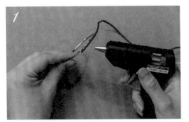

1

將文化線一頭以熱熔膠黏在閉口圈上，圈圈的大小可視設計的尺寸選擇不同的直徑。

2

文化線緊緊的纏繞整個閉口圈，保持平整感，直到最後再作收尾。

3

文化線纏繞到最後的交疊處繞進繩子下方拉緊。剪去多餘的文化線以熱熔膠加強固定。

4

準備一塊橢圓形的綠色羊毛氈布，對摺黏在纏好文化線的圈上，當作耳環的底台使用。

5

羊毛氈布剪成四瓣花型，平針縫一圈後拉緊。抽皺後的中心會形成一個凹洞，將珍珠縫進去作成花心，以相同作法製作4至5朵。

6

使用仿真葉材與繡球打底，仿真繡球花瓣可黏貼不同深淺顏色，搭配手工燙花片，花瓣與葉材的縫隙黏上不凋松蘿。

手工藝品店購得的金屬花配件，使用
水鑽膠鑲黏施華洛世奇水鑽在配件上
增加華麗感。

黏貼好的金屬花配件纏繞26號的銀色花
藝鐵絲，延長過的金屬花方便黏貼在不
同位置。

取各式花蓋或花帽用T針，穿過珠子，
作成一組組完整的小裝飾珠，可黏貼
在耳環上增加光澤度與精緻感。

黏好金屬花配件與四瓣羊毛氈花的效
果如圖所示，各素材間可彼此交疊錯
落，縫隙間也黏上仿真松蘿。

小菊的高度基本上要超過其他花材，
後方可以黏上作好的小裝飾珠。藍色
一群綠色一群，會顯得更有個性。

作好的耳環在上方中央處夾上一個釦
環，用來串起耳夾。

使用大型的C圈串聯耳環跟耳夾，耳夾
的正面可以熱熔膠黏一朵漂亮的金屬
花裝飾。

兩個耳環上面的素材數量和位置可以
略為不同，注意要呈現的焦點花是小
菊，在華麗的顏色中綻放。

Fluttering

隨風徜徉

工具 熱熔槍＆熱熔膠 · 花剪 · 鉗子 · 透明線 · 縫衣針（粗）· 紗剪 · 鑷子

材料 金色噴漆 · 蠟線 · 金鍊 · 金屬花片（銀杏葉）· 日本不凋玫瑰花 · 不凋富貴葉 · 圓形木片 · 擋珠 · C圈 · 耳夾 · 單孔線夾 · 小山鍊頭 · 施華洛世奇水晶串珠 · 葉脈造型金屬花片 · 羽毛

1 羽毛的尾端噴上金漆，噴的時候勿靠羽毛太近，保持距離可以著色的更自然。

2 取同色系的蠟線纏住羽毛的羽根，過程中可使用熱熔膠輔助。

3 每邊的耳環各有兩條長度不一樣的羽毛，一對耳環總共可製作3至4條，左右各2條或左邊1條＋右邊2條皆可。

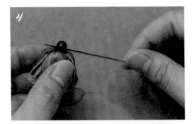

4 不凋玫瑰花剪去過長的花莖，取粗的縫衣針穿過花托處，形成一個孔洞。

5 將透明線穿過，線長約15至20cm。

6 將施華洛世奇水晶串珠穿進透明線，長度可自行決定，選擇透明的水晶珠可讓整體更有輕盈感。

此處大約使用10顆水晶串珠，結尾使用擋珠及單孔線夾處理。

每邊耳環各作大小玫瑰花兩條，長度可以稍微不一樣，在單孔線夾上套入C圈。

不凋富貴葉的莖修細，使其可穿進單孔線夾，再以擋珠固定。

穿好的富貴葉也套上C圈備用，使用富貴葉前務必挑選乾淨好看的部分。

葉脈造型金屬花片接上一小段金鍊，尾端套上C圈備用。

兩條羽毛的蠟線一起套進小山鍊頭。

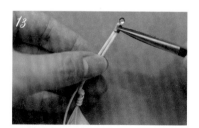

使用鉗子將小山鍊頭夾緊，尾端套上C圈。

取C圈將耳夾、圓形木片、葉脈片、羽毛、富貴葉、玫瑰花、銀杏葉串起。每種素材長度不一，才能顯出層次感。

串起的素材除了注意長度，還有配戴時的立體感。飄逸的羽毛長度最長，面積最大的葉脈片疊在下層，富貴葉的長度不要遮蓋到玫瑰花。

Metalsmith Earrings

金工耳環

金屬工藝已流傳千年，
透過雙手的溫度來琢磨每件作品。
經過一次次繁複的修整，
鋸切、銼修、焊接、打磨⋯⋯
才能夠將最完美的樣貌
呈現在你的眼前。

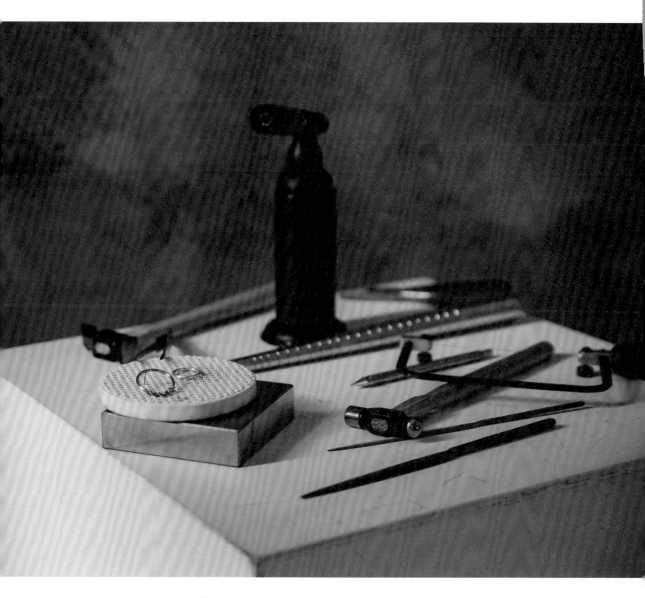

王伯毓（Vic）

現為金工設計師。於國立清華大學主修金屬工藝，同名品牌 VIC WANG 於2014 年所創，受到歌唱界天后梁靜茹、A-Lin 等青睞，曾參與多場演唱會的飾品創作，現已成為天王天后演藝造型的幕後推手。慣用焊接建構，並以現代主義建築符號來成就作品，帶入女性的優雅婉約特質，讓充滿戲劇化的張力輕巧呈現，卻又不失實際的穿搭性，能輕鬆點綴日常生活。

f 粉絲專頁：VIC WANG
⊙ Instagram：vicwang2014

Profile

耳環創作物語

Creative ideas

從小，我就對閃亮的飾品特別感興趣。求學時因緣際會下發現，原來有專門學習金工的科系！因此憑著「喜歡」這簡單的心念，踏上了學習金工的旅程。

但沒想到的是，除了學習飾品製作之外，也學到了金屬加工製程，甚至是生活器物的製作、或以化學式計算去處理染色等工序，這都是在踏入這行之前所無法想像的。但也因為這樣的鑽研，讓我接觸到許多不同的異材質、也獲取了更多解決方法的能力，可以嘗試多元的發展與可能。

耳環，則是我設計過最多的品項。耳環的迷人之處在於，它雖然只占人全身比例的很小一部分，卻時常扮演日常穿搭畫龍點睛的關鍵。也是所有飾品中，最容易被注目的焦點。因應不同場合，也要搭配不同風格或尺寸的耳環。

我所製作過的配飾中，最難的肯定是演唱會的耳環了。因為演唱會有「表演」的成分，且觀眾離舞台的距離相當遙遠，因此所有的裝飾物件都必須有一定尺寸、且充滿張力，但也要兼顧佩戴的舒適度。考量到重量的因素，很多時候就必須使用非傳統的技法或材料來製作，才能順利地解決一次次的任務。

而在本書中所設計的耳環，是最適合日常搭配的款式。考量到也許有些人在一天之中，必須出席幾場性質不同的活動；或者心情不同了，讓飾品也想換個花樣，因此從 3 款耳環中又衍生出 2 件變化款，可以修改變換造型，讓佩戴者自行決定今天要怎麼換、要怎樣搭！

Simple Chain

極簡鏈條耳環

幾何的黃銅圓框耳環
帶有樸實的復古韻味，
以極簡俐落的線條勾勒出當代簡約的風格。
結合工業風的金屬鏈條，
展現出都會氣息，
讓耳上風光可輕鬆點綴日常。

Elegant
Pearl

變化款
極簡鏈條耳環＋珍珠

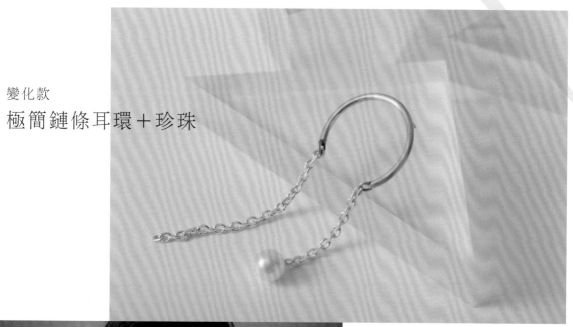

以黃銅的復古感覺
搭配天然珍珠的設計。
珍珠表面獨特優雅的皮光，
結合閃耀的切面銀鏈，
隨著微風或行進動作時，
耳際間優雅搖曳的設計，
更能增添個人魅力。

服裝・髮帶▶Studio WENS 溫室
戒指▶VIC WANG

鍛敲耳環

純銀獨有的霧面白色澤，
可依照個人喜好
設計適合自己的圈環大小。
搭配玫瑰金色的紅銅鍛敲亮面波紋，
結合多層次的圓形幾何堆疊，

與不同的表面質感處理。
兩邊的耳環配置呈現不對稱，
讓簡約而不簡單的設計，
更能豐富造型的多樣性。

Hammering

變化款
鍛敲耳環＋巴洛克珍珠

純銀光澤點綴上
天然的巴洛克珍珠。
不同於傳統圓形珍珠，
每顆巴洛克珍珠都擁有
獨一無二的外型個性，
彷彿在規則與不規則中
取得的平衡美感，
彰顯出知性優雅的獨特氣質。

服裝▶Studio WENS 溫室
帽子▶攝影師私物　戒指▶VIC WANG

Baroque Pearl

Architecture

Design

建構耳環

以面結合線，
讓當代簡約的建築符號
呈現於作品中。
使用焊接技法建構出幾何空間，
俐落的金屬本體
讓正式場合也能稍作點綴，
展現專業幹練的個人魅力。

基本工具介紹

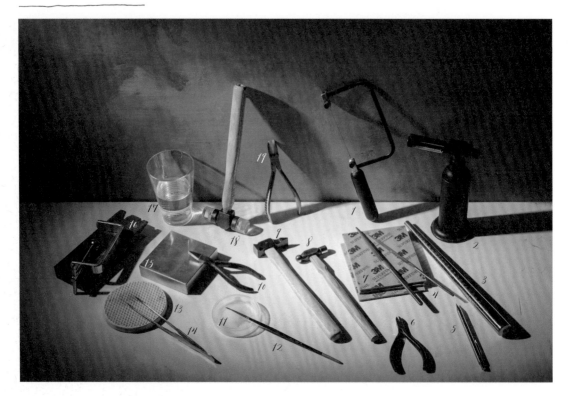

1. 鋸弓	8. 敲花鎚	15. 鋼鑽
2. 日製火槍	9. 一字鎚	16. 銼座（橋）
3. 戒圍棒	10. 平口鉗	17. 盛著水的容器
4. 銼刀	11. 助焊劑	18. 橡膠槌
5. 筆	12. 細水彩筆	19. 尼龍鉗
6. 斜口剪	13. 耐火磚	
7. 3M 海棉砂紙	14. 焊接夾	

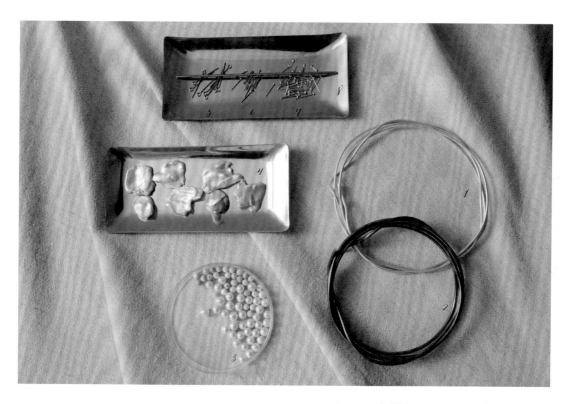

1. 2.5mm的銀線   5. 9針

2. 2.5mm的紅銅線   6. T針

3. 8至10mm的圓珍珠 7. 珠針

4. 巴洛克珍珠   8. 2.5mm的黃銅線

Simple Chain

極簡鏈條耳環

工具

鋸弓・銼座・火槍・耐火磚・焊接夾・尼龍鉗・斜口剪・平口鉗・細水彩筆・助焊劑・3M 海棉砂紙・半圓銼刀・戒圍棒（大）・橡膠槌

材料

粗 2.5mm 的黃銅線 10cm・黃銅鏈條・不鏽鋼耳針・銀焊條・8 至 10mm 的珍珠・銀鏈條

以鋸弓鋸切粗 2.5mm 的黃銅線約 6cm。

將黃銅線置於耐火磚上，以火槍尖端的火加熱金屬，至退火狀態（金屬通紅），放至水中降溫後拿起擦乾。

以尼龍鉗將黃銅線彎摺成橢圓形接合（使用尼龍鉗才不會在金屬表面留下痕跡）。

接口兩邊的黃銅線分別往前後扭，使接口盡量密合。

以斜口剪將銀焊條剪成約 1mm 大小，可以多準備幾片備用。

以細的水彩筆沾取適量的助焊劑。

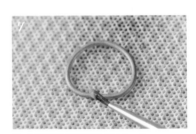

將助焊劑塗至黃銅圈的接口處。

以火槍平均加熱黃銅圈（火焰緩慢的行進畫圓），助焊劑會先變成白色粉末狀，再變成透明狀，待變成透明狀即可關火。

以鑷子夾取一片剪好的銀焊條，放至黃銅圈接合處。

使用火焰尖端（藍色）平均畫圓加熱，直至接口處的焊片發亮呈液狀熔化，代表接口已焊接成功，即可關火，並將物件放至水中降溫後拿起擦乾。

以半圓銼刀的半圓面，順向修整黃銅圈的內圈焊疤，直至平整（手摸沒有明顯凸起）。

以3M海棉砂紙包覆（無字面向內）順向打磨，將黃銅圈表面銼修痕跡及氧化物磨掉。

將焊接、打磨好的黃銅圈放進戒圍棒，以手指扣住，再以橡膠槌敲打黃銅圈整圈的外側，直至貼合戒棒，變成圓形。

以線鋸鋸切開口，開口寬度取決於鏈條的長度，在此是切掉2cm左右，並且要預留比下個步驟的凹槽處位置多2mm的位置。

在兩側開口處，分別以銼刀側邊磨出1mm深的凹槽。

以半圓型銼刀的平面處銼修開口邊緣，磨成圓潤、不刮手的程度。

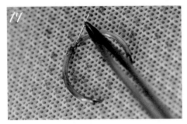

製作兩個黃銅C圈，或選用現成品，分別夾入黃銅圈的兩端凹槽內，以火槍焊接固定。黃銅圈選一面當成耳環正面，背面頂端以火槍焊接上不鏽鋼耳針。

物件放至水中降溫後拿起擦乾。取一段2.5cm長的銅鏈條，以平口鉗將頭尾的鏈圈扳開，與耳環的C圈頭尾串連組裝。

完成。

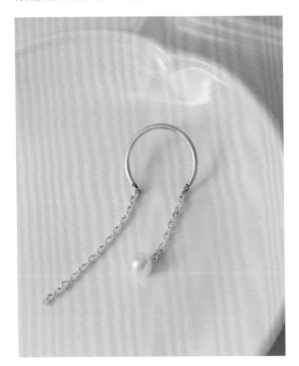

變化款
極簡鏈條耳環＋珍珠

拆下黃銅鏈條，於兩端C圈上串接不同長度的銀鏈條，短的那端接上珍珠吊墜，或任何自己喜歡的小吊飾！因為感覺比較強烈，可以單邊佩戴更顯個性喔！

Hammering

鍛敲耳環

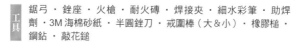

工具 鋸弓 · 銼座 · 火槍 · 耐火磚 · 焊接夾 · 細水彩筆 · 助焊劑 · 3M海棉砂紙 · 半圓銼刀 · 戒圍棒（大＆小） · 橡膠槌 · 鋼鉆 · 敲花鎚

材料 粗2.5mm的銀線10cm · 粗2.5mm的紅銅線10cm · 不鏽鋼耳針 · 銀焊條 · 18至20mm的巴洛克珍珠兩顆 · 8至10mm的圓珍珠兩顆 · 0.3mm粗的黃銅珠針兩根

1
取6cm長的銀線，依P.72的步驟1至13，製作出兩個大銀圈，圈環大小可依個人喜好設定。示範作品的圓圈直徑為2cm。

取3cm長的銀線與紅銅線，製作出兩個尺寸相同的小圓圈（作法同P.72的步驟1至4），將製作好的圓圈套入小戒棒中，以敲花鎚的圓面進行整體敲擊。

將金屬線平均垂扁，並以敲花鎚製造出點狀的水波紋。

以平口鉗將製作好敲紋的紅銅、銀兩個小圈環放入大銀圈中，並將開口閉合。

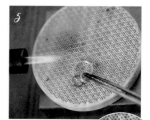

焊接小圈環的切口（若之後想方便替換成變化款式，可省略此步驟）。

在大圈環的背面上端，焊接上不鏽鋼耳針。

物件放至水中降溫後拿起擦乾。以3M海綿砂紙將整體打磨至亮面，即完成。

變化款
鍛敲耳環＋巴洛克珍珠

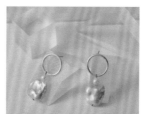

取兩顆有造型的巴洛克珍珠及兩顆小圓珍珠，套入黃銅珠針中，上端留0.9mm後剪掉多餘銅線，以鉗子先將上端銅線摺成垂直狀，再以圓頭鉗作成圓圈狀。
取下耳環中的金屬小圈環，替換成珍珠，就瞬間從個性款變身成為浪漫款了！

Architecture Design

建構耳環

工具　鋸弓・銼座・火槍・耐火磚・焊接夾・細水彩筆・助焊劑・3M 海棉砂紙・半圓銼刀・戒圍棒（大）・橡膠槌・鋼鉆・敲花鎚・尼龍鉗

材料　粗 2.5mm 的銀線 6cm・不鏽鋼耳針・銀焊條

取一段銀線以敲花鎚的圓面進行敲擊，將金屬敲至自己喜歡的寬度（需注意厚度不能太薄）。

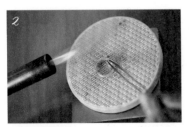

依P.72的步驟1至13，製作出一個大銀環，大小可依個人喜好設定，示範作品的直徑為2cm。

使用半圓銼刀的平面處進行銼修，將敲紋修磨成平滑的弧面。

使用3M海棉砂紙順向包覆著銀環，打磨至光滑平順。

製作可套在銀環外圍的銀圈。可將銀線套在銀環外測量尺寸，之後依P.72的步驟1至12，製作出一個銀圈。銀圈套入戒指棒中以橡膠槌敲擊整圓。

以尼龍鉗將細銀圈卡在銀環外側。

將圈環焊接在一起。因範圍較大，焊接時須多放幾片焊片。物件放至水中降溫後拿起擦乾。

將焊接好的物件，以鋸弓鋸切開1.5cm的開口。

使用半圓銼刀平面處，將開口一邊銼修成直線（焊接耳針處），另一邊銼修成弧線。

開口的直線端中央，焊接上不鏽鋼耳針。泡水降溫後以3M海綿砂紙包覆順向打磨至亮面，即完成。

耳針&耳夾有哪些種類呢？

耳環使用的主要配件分為耳針與耳夾，配戴者可以依照自己的狀況自行選擇改換，本篇將介紹一些常見的款式。

一般垂吊式的耳環，幾乎都以C圈連接，只要使用鉗子打開C圈就可以更換耳針或耳夾；如果是貼耳式的耳環，一般市售款式較常見設計為耳針式，這時可以搭配改夾神器使用，或在製作時以黏貼方式黏上耳夾。

有少數人會對金屬成分產生過敏症狀，則可挑選不鏽鋼或純銀材質的製品。這些配件都可以從網路上選購，或是到飾品配件專賣店挑選購買。

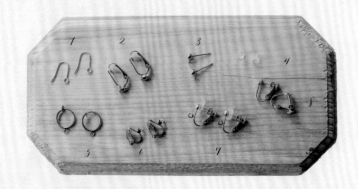

1. **耳鉤**：一般常見的款式，另有加入彈簧或圓珠的設計，可依照下方吊飾想呈現的感覺來選擇。

2. **改夾神器**：若不想花費時間改夾，可以直接將耳環的耳針插入改夾神器的孔中，便可直接配戴。另也有設計成隱形耳夾及U型耳夾的改夾神器。

3. **圓珠耳針**：圓珠下方有開口圈，可以直接勾上垂吊型的吊飾。圓珠有分多種尺寸，可依照下方吊飾的大小來選擇。除了金屬，也有珍珠或水鑽的款式。

4. **耳堵・耳釦**：搭配針式耳環使用，扣在耳後可避免耳環脫落。圖中為矽膠款式，市面上也有金屬製品，可依喜好搭配使用。

5. **隱形耳夾**：配戴時讓人覺得似乎有打耳洞的感覺，比起一般耳夾看起來更輕盈。

6. **三角耳夾**：耳夾中簡單又實惠的選擇，因無法調整鬆緊，適合耳朵較薄的人。

7. **螺旋式耳夾（有圈款）**：較有存在感的耳夾，可依個人習慣調整鬆緊。因應夾式耳環較容易產生疼痛感，可另購買矽膠耳墊扣在耳後使用，隱形耳夾及三角耳夾也都有相應造型的耳墊可購買。

8. **螺旋式耳夾（無圈款）**：適合搭配金工焊接使用的耳夾款式。

金工的改夾方法

本篇介紹金工的改夾方法，若金屬物件上原本是焊接耳針，可以先以火加熱解焊，再改焊接上耳夾，若情況相反也以此類推（需確認材質，金、銀、銅、鋼才可進行，且上面已有鑲製珠寶的款式不建議操作）。或在製作時，即因應佩戴者的需求，直接焊接耳針或耳夾。

以鉗子將螺旋式耳夾上的夾釦往外扳開。

將螺旋式耳夾拆解成前後兩部分。

先將耳環上原本的耳針加熱解焊，改焊上耳夾的前面部位，泡水降溫後擦乾。

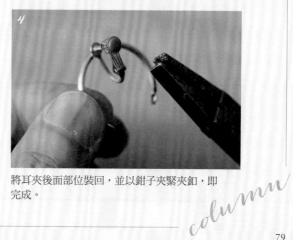

將耳夾後面部位裝回，並以鉗子夾緊夾釦，即完成。

column

Macrame Earrings

花編結耳環

纏繞的結，是春天枝頭上
冒出的新芽和花苞；
藍綠色的大海與高山，
是我對夏天的印象；
秋收的麥穗結實纍纍、豐盛金黃；
純白大地，彷彿是冬天披上了衣。

以四季為創作靈感，
利用造型＆色彩呈現季節變化。
編織與柔軟材質的表現，
則讓耳環充滿了流動與溫度。

服裝▶Studio WENS 溫室　帽子▶Model私物

Amy Yen

兩個孩子的全職媽媽，在偶然的機會下接觸了
繩結編織工藝，開啟了生命的另一扇窗。創立
《花見日常》粉絲專頁開始分享創作、客製化
訂製及開班授課。除了傳統純白的棉繩創作
外，也常加入各種色彩，豐富作品的多樣性，
同時積極嘗試加入實用性。喜好細緻優雅的風
格，期待呈現「藝術即生活、生活即藝術」的
美感生活。

粉絲專頁
Amy's Macrame Days 花見日常
Instagram
amys_macrame_days

Profile

耳環創作物語

因為無意間看到朋友分享的一張照片，讓從來沒有見過編織藝術的我驚為天人，也因此一頭栽進繩結編織的世界裡。剛開始接觸時，花編結這類編織工藝還非常少見，完成的作品常被朋友們戲稱是麵條或麵線，至今還令我印象深刻呢！拿起棉繩後，彷彿腦海中會浮現藍圖，一動手就停不下來，看著重複的圖騰堆疊組合，心中充滿著滿滿的療癒感。

花編結令我著迷的，除了美麗的編織圖騰和它呈現的民族風情，其廣泛的應用範圍也是我一直想推廣給大家認識的。除了傳統的掛飾，舉凡生活上常用的配件如鑰匙圈、杯墊、桌墊，還有燈罩、手提袋和身上的項鍊、耳環等，都可以利用繩結來創作。

我為自己作了許多生活用品，雖然一直以來沒有戴耳環的習慣，但因為可以親手製作喜歡的款式，我便抱著期待的心情學著製作耳環，戴上後我才開始領略耳環在搭配上令人愉悅、畫龍點睛的效果。這次受邀參與耳環創作，我想起曾經設計過的兩只作品，很快聯想到以四季作為延伸創作。考量東方女性的衣著習慣和民情，因此刻意縮小作品的尺寸，利用顏色、細節和材質的變化，讓平常佩戴時不至於太誇張，可以搭配的服裝較不受限，又能同時呈現異國風情，突顯自己的風格。

Spring

春天的花朵

春神喚醒了大地女神記憶裡的色彩，
任何顏色在這季節都是合理的！
櫻花的粉、迎春花的黃、橄欖樹的綠……
捲在纏繞的結裡，
像是披上彩衣的枯枝。
輕輕的一抹色彩，就能帶來好心情。

Summer

夏天的塗鴉

在陽光照射之下的太平洋，這樣的藍，你見過嗎？
映著日月的潭，又是什麼樣的綠？
強烈的直射光，讓這個世界濃烈紛呈。
不如大膽地，將這些顏色都放到身上，
你也是夏日的子民！

Fall

秋天的收藏

麥粒一列列地聚集，一顆顆閃耀著金黃，
驕傲的嚷著他們已經準備好出發，
帶著母親的養分，
離開成長的土地。
收藏記憶的種子，
就像是耳邊吹起的微風，
搖晃呢喃，閃閃爍爍地在心底泛起漣漪⋯⋯

服裝▶Studio WENS 溫室　項鍊▶編輯私物

Winter

冬之雪白

冬的精靈畫出一個圓，
彷彿通往冰雪王國的入口。
採集從天空降下的六角雪花，
織成一件純白的被，
好讓大地安穩的沉睡。
時間的河，冰凍在無限的迴圈裡，
安靜地自轉著⋯⋯

服裝▶Studio WENS 溫室　帽子▶Model私物

基本工具介紹

製作花編結所要準備的工具不多，大部分都很好取得喔！

1. 剪刀　　4. 捲尺　　7. 多用途飾品膠
2. 扁梳　　5. 鉗子　　8. 勾針
3. 珠針　　6. 小型離子燙夾　9. 軟木塞隔熱墊

Spring

春天的花朵

 工具 剪刀 ‧ 鉗子 ‧ 飾品膠

 材料 3mm棉線‧珠光線‧3mm C圈‧耳鉤

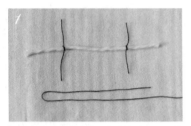

取一段15cm的棉線,在左右各3.5cm處綁上記號線,中間的8cm即需要纏線的長度,再拉出一段珠光線,在主線段上反摺12cm。

將反摺的線與原線段一起捏住,靠在3.5cm記號線的一端,露出2cm的線頭。

將主線往左繞壓住線頭後,一圈一圈平均的往下纏繞。

纏繞至另一端的記號線,保留約2cm的長度後剪斷。

將線尾穿入線圈。

再將一開始預留的線頭往上拉。

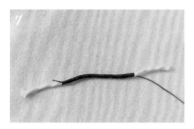

打一個普通的結後，直到線圈完全藏入纏線。

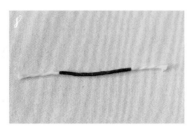

剪掉頭尾的線。

打一個一般平結後，以扁梳將兩端的棉線梳開。

以飾品膠將纏線的兩端與主體固定。

將棉線末端剪齊。

耳環本體完成。

將C圈小心地穿過一條纏繞的線。

套上耳鉤。

完成囉！

Summer

夏天的塗鴉

 工具　剪刀 · 鉗子 · 飾品膠

材料　3mm 棉線（三色）· 鑽石金屬繡線 ·
繡線 · 耳鉤 · 23mm×20mm 三角配件 ·
3mm C圈

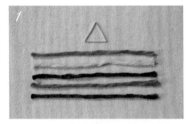

剪五條長13cm的棉線，顏色可以自
選，並安排好搭配順序。

將棉線對摺一半，繞過三角配件。

將繡線和鑽石金屬繡線合併，作出魚
鉤狀。

將兩條繡線同時壓在棉線與三角配件
的接合處，露出約2cm線頭，同時將兩
條繡線向左依序往下繞4圈。

保留2cm的長度後剪斷，將線尾穿過預
留的線圈（若洞口太小難以穿過，可
以使用鉤針幫忙）。

將一開始預留的線頭往上拉，讓線圈完
全藏入纏線中，再將兩端的線尾剪掉。

依序將其他棉線綁上。

在所有棉線中間，以飾品膠固定（也可省略此步驟）。

以扁梳將棉線完全梳開。

以兩指夾緊，使流蘇完全平整。

約4cm處，使用較利的剪刀一刀剪齊。

從底部中間處往右剪一斜角。

另一邊也依照一樣的角度剪齊。

套上C圈和耳鉤即完成。

秋天的收藏

Fall

工具　剪刀 ・ 鉗子 ・ 珠針 ・ 軟木塞隔熱墊

材料　3mm 棉線（兩色）・2mm 棉線 ・5mm
C圈 ・ 耳鉤

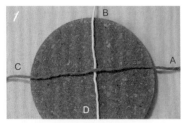

剪兩條30cm的棉線，垂直交叉後以珠
針固定在軟木塞隔熱墊中間。

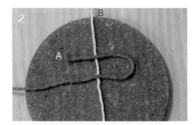

將A黃色棉線往左彎，蓋在B白色棉線
上面。

將B白色棉線向下彎，蓋在C黃色棉線
上面。

將C黃色棉線向右彎，同時蓋在B和D
白色棉線上面。

將D白色棉線往上彎，蓋過C和A黃色
棉線，並穿過A黃色棉線底下。

兩手拉住白色棉線兩端向中間靠攏。

再拉住黃色棉線兩端向中間靠攏。

重複6、7兩個步驟，直到兩個顏色的棉線縮緊成一個結。

再繼續重複2至8的步驟，一共四次。

將棉線取下，完成主體部分。

粗2mm棉線，剪一段16cm，摺成魚鉤狀。

將2mm棉線按壓在主體的根部，向左繞圈。

依序纏繞三圈後，將尾端的線穿過預留的線圈，把一開始預留的線頭往上拉，讓線圈完全藏入纏線中，再將兩端的線尾剪掉。

以扁梳將棉線梳開，再將流蘇剪短至2.5cm。

套上C圈和耳鉤即完成。

Winter

冬之雪白

 工具 剪刀 · 鉗子 · 珠針 · 軟木塞隔熱墊

 材料 2mm 棉線 · 5mm C圈 · 耳鉤 · 3cm 圓形配件

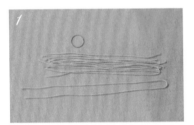

準備12條20cm長和1條50cm長的棉線。

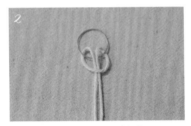

將13條棉線全部綁上圓形配件。

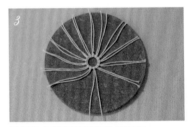

使用軟木塞隔熱墊和珠針固定。

以50cm的右邊那條線當主軸,從它右邊第一條線開始繞著主軸打一個普通結(第一圈)。

以同一條線再打第二圈的結。

打完兩圈結的樣子。接著往右依序將每一條線在主軸線上打兩個結。

最後一個結打完可使用飾品膠固定。

主體完成。

可準備一個約5.5cm的圓形紙片當襯底，將主體置中後沿著紙片剪短棉線。

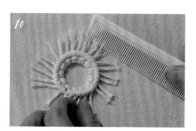

將剪短的棉線以扁梳梳開。

完全梳開後，再仔細修剪參差不齊的部分。

翻至背面，取兩個C圈扣在其中一條纏繞線上，再加上耳鉤。

完成囉！

Natural Dyed Fabric Flower Earrings

植物染布花耳環

染布不是只能在專業的染房進行，
只要在自家的廚房就可以完成喔！
選用在生活中常見、也好取得的素材，
就可以取得天然的色彩。
模擬著花朵在自然中的模樣
作成耳環，
喜歡的植物就能陪伴
生活中的每一刻。

Profile

Nutsxnuts

從植物身上萃取的顏色，再自己詮釋作出植物的姿態，佩戴在身上，是一件很浪漫的事。在接近大自然的地方，緩慢地經營著品牌，用對環境友善的方式創作。手作出的一顆顆的果實，就像是植物孕育果實一樣的美好自然。

📘 粉絲專頁：Nutsxnuts   📷 Instagram：nutsxnuts

Creative ideas

耳環創作物語

求學時專攻服裝設計，畢業後在從事禮服打版的工作期間，對造花產生興趣，也曾接觸過燙花器的造花方式。

當我前往日本打工度假時，認識了 Veriteco 的草木染造花，陸續跟著老師上了幾堂造花課，開啟了我的興趣之門！讓我在回台灣後，對草木染的布料仍念念不忘，於是有了自己動手作的念頭！在社區大學進修後，更深入了解植物染。我開始自己在家摸索實驗，在這過程中，也對生活中常見的植物有了更多的認識。例如在廚房中常見的黃洋蔥皮，搭配媒染方式的不同，就可以染出黃色、橘色、綠色等不同色調！

而這次所示範的耳環，就使用了洋蔥皮、黑豆與洛神花乾，都是非常容易取得及操作的染材。剛開始嘗試黑豆染時，常出現很有韻味的灰紫色，色澤相當美麗。而在一次意外實驗中，發現未拋光的黑豆可保留較多的花青素，能染出不同於藍染的藍灰色，更是讓人驚喜！

使用洛神花乾無媒染的棉布和繡線，會呈現可愛的粉紅色，但容易褪色，加上明礬、醋酸銅和醋酸鐵媒染後，則會轉變成綠色。在試了幾種媒染後，發現檸檬酸不只能保持原本的粉紅色，還有很好的固色效果呢！

在染布的過程，觀察從植物身上獲取的，在天然材質（如棉、麻、羊毛、蠶絲等）上的顏色變化，是很緩慢又療癒的事。將這樣的感覺佩戴在身上，所帶來的是充滿生活氛圍的感動，這種樂趣，也希望分享給正在閱讀的你。

Rose

玫瑰單邊耳環

以洋蔥皮＋明礬
染出柔和的黃色。
再使用黑咖啡
在花瓣邊緣暈染作出復古感，
有如乾燥花的效果，
多了葉子伴著在耳朵邊，
似乎多了一點優雅的氣息。

金合歡耳環

金合歡的花季一年只有 2、3 個月，
但是這麼有朝氣的顏色，
一整年都想戴在身上呢！
以洋蔥皮染過的羊毛素材，
運用經過不同的媒染後
產生的黃色和橘色，作出層次感。
葉子是洋蔥皮加鐵媒染的墨綠色，
上漿後不會鬚邊，裡面夾入銅線，
完成後就可以調整角度。
是個重視細節，卻很輕盈的耳環。

Mimosa

服裝・圍巾▶Studio WENS 溫室

Encalyptus

尤加利不對稱耳環

尤加利有很多品種，
洋蔥皮加鐵媒染的灰綠色
非常適合作成常見的蘋果桉！
一邊是圓圓的葉子，一邊是小果子，
雖然蘋果桉實際上的果實
不是這樣圓圓一球球的，
但這樣放在一起也好可愛呢。

瑪格麗特貼耳耳環

有層次的花瓣

加上羊毛氈的小球,

和法國結粒繡模擬的花心,

描繪出瑪格麗特純真的模樣。

在耳後的耳釦

加上一顆水滴形的棉珍珠,

想像著在山谷間,

一整片瑪格麗特隨風搖曳的優雅樣子。

Marguerite

服裝・圍巾▶Studio WENS 溫室
戒指▶VIC WANG

染布基本工具

1. 鍋子：用來煮染液。
   （可以使用不鏽鋼鍋或沒有受損的琺瑯鍋）
2. 大碗 3 個：用來濃染和媒染。
3. 濾網
4. 量杯
5. 電子秤
6. 染材（圖中為洋蔥皮）
7. 濃染劑（無糖豆漿）
8. 媒染劑（明礬 ‧ 醋酸銅 ‧ 醋酸鐵 ‧ 檸檬酸）

染布示範材料

1. 純棉平織布20×20cm。
2. 純棉平織棉絨布10×10cm。
3. DMC 25號繡線 白色（B5200和Blanc都可以）。
4. 羊毛 白色2克（羊毛氈用）或使用以白色羊毛氈好的羊毛球。
5. 純棉蕾絲。

染布前的準備工作

先將要染的布料、繡線、羊毛等素材，以中性清潔劑輕輕清洗一次後，將洗劑徹底沖洗乾淨，這個步驟主要是去漿、清除雜質。

之後進行濃染，將洗好的素材浸泡在常溫的無糖豆漿裡，約30分鐘後，將素材稍微洗淨（需要保留一點豆漿的程度）。

將布料均勻的沾附上染液，再以小火煮20分鐘。

染布步驟

將20克的黃洋蔥皮放入700cc的水中加熱，煮至沸騰後，轉成小火並蓋上蓋子燜煮20分鐘，以濾網濾出染液，將處理好的布料浸泡在染液裡。

準備媒染液。
左：醋酸銅媒染液
  作法：醋酸銅5克加入200cc的溫水中攪拌均勻。
中：明礬媒染液作法
  作法：明礬2克加入200cc的溫水中攪拌均勻。
右：醋酸鐵媒染液作法
  作法：醋酸鐵5克加入200cc的溫水中攪拌均勻。

4. 染好的素材從鍋中取出後，稍微擰乾，放入媒染液中。

醋酸銅媒染的效果。

明礬媒染的效果。

醋酸鐵媒染的效果。

5

待顏色變化完成後，再均勻浸泡20分鐘。（左為醋酸銅，中為明礬，右為醋酸鐵）

6

下排為素材染製完成，以清水洗淨晾乾後完成的樣子。

7

左為乾燥洛神花加檸檬酸媒染。
右為沒有打磨過的黑豆加銅媒染。

8

布料上漿後不容易變形也不易毛邊，是造花常用的技巧。染後晾乾後，以熨斗燙平。

上漿液製作方法

白膠加5倍分量的溫水，以刷子攪拌均勻，
刷在平整的布料上，夾起來平整的晾乾。
例：5克的白膠＋25cc的溫水攪拌均勻。
（因為白膠含有醋酸成分，也許會因此產生顏色變化。）

手作布花的基本工具&材料

1. 斜剪鉗
2. 圓頭鉗
3. 平口鉗
4. 剪刀
5. 銅線 26 號・28 號
6. 木工用白膠
7. 錐子
8. 銼刀
9. 羊毛氈用戳針
10. 9 號刺繡針
11. 木珠（3mm・4mm・6mm）各數顆
12. 棉珍珠
13. 耳針和耳夾
14. T 針
15. 項鍊用鏈條
16. 鋸齒剪刀
17. 小夾子
18. 繡線。事先染製完成的線，整理後備用。

Rose
單邊玫瑰耳環

工具　圓頭鉗 · 平口鉗 · 斜剪鉗 · 剪刀 · 木工用白膠 · 6mm 木珠 · 銅線 26 號 · 銅線 28 號 · 9號刺繡針 · C圈 · 耳針或耳夾

材料　未上漿洋蔥皮明礬染棉布（花瓣）· 未上漿洋蔥皮鐵媒染棉布（花托 · 葉子）· 洋蔥皮鐵媒染繡線

1 依紙型裁下未上漿洋蔥皮明礬染棉布大花瓣2片，小花瓣3片。未上漿洋蔥皮鐵媒染棉布花托1片，葉子正面3片，反面3片。

花朵

以刷子沾取常溫的黑咖啡暈染在花瓣和葉子邊緣，作出復古乾燥花的效果。暈染後的花瓣和葉子待乾後，以上漿用的白膠水上漿後待乾。

將每一片花瓣邊緣以手指捲起來，作出花朵的表情模樣。

26號銅線20cm穿過6mm木珠，對摺後轉緊。

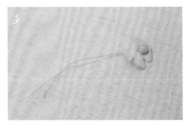

將每一片花瓣和花托中心，以錐子戳一個洞。將第一層小花瓣穿進穿了木珠的銅線裡。

在第一層小花瓣靠近木球側塗滿白膠。

將6mm木珠以第一層小花瓣包起來。

第二層小花瓣內層也塗白膠後包起，調整成花苞的樣子。

第三層小花瓣，第四層和第五層是大花瓣，互相錯開花瓣的位置，以白膠固定，調整成花朵綻放的樣子，之後固定花托。

葉子

將花托以指尖搓成尖尖的，作出花托捲曲的樣子。

準備28號銅線10cm1條（中間的葉子），5cm2條（兩邊的葉子）。將銅線尖端以鉗子摺起來一小段。

葉子塗滿白膠後，黏上銅線。

黏上另一片葉子，將銅線包在裡面。

等白膠乾了之後，以錐子劃出葉脈痕跡。

完成一朵花和三片葉子。

以2股繡線穿針，將線結藏在花托內。

從花托中心出針之後，將白膠塗抹在花朵的銅線上，以繡線平整的纏繞。

製作葉子時，也以2股繡線入針穿過葉片以固定。

穿過葉子，繞過銅線打一個結後，平整的纏繞銅線。

加入其他片葉子，也入針固定，並以繡線持續纏繞。

繞完另一片葉子之後，再持續纏繞銅線。

在適當的位置，將葉子和花朵，以繡線平整的纏繞在一起。銅線尾端修剪成階梯狀。

將修剪成階梯狀的銅線，以繡線纏繞起來，在適當處以平口鉗摺成直角。

以圓頭鉗將花莖捲一個圓。

將剩下的繡線繞回花莖。

以針穿過纏繞的線打結，剪掉多餘的線，並以白膠黏著固定。

以鋸齒剪刀修剪葉子邊緣。

裝上C圈和耳針，即完成。

Mimosa
金合歡耳環

工具　羊毛氈戳針 · T針 · 圓頭鉗 · 平口鉗 · 斜剪鉗 · 剪刀 · 錐子 · 木工用白膠 · 銅線26號7cm四段 · 鏈條3.5cm到4cm左右兩段 · 耳針或耳夾

材料　洋蔥皮染明礬媒染羊毛（毛球）· 洋蔥皮染銅媒染羊毛（毛球）· 上漿後洋蔥皮染鐵媒染棉布（葉子）

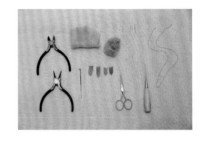

1　以上漿後的洋蔥皮染鐵媒染棉布，依紙型剪下葉子。長、短葉子各剪正面2片、反面2片。（一對耳環的片數）

將兩種顏色的羊毛，戳成1cm左右的球，可大可小，約作20至25顆。

以錐子在小球中心戳一個洞。

將T針穿過小球，並以鉗子摺成直角。

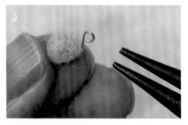

以斜剪鉗將T針剪短至0.7cm後，以圓頭鉗捲成圈狀。

修剪羊毛球的外型，剪成金合歡花般毛茸茸的效果。

將26號銅線7cm尖端彎摺後,以白膠和葉片固定,並黏上另一片葉子。

以鉗子將銅線摺成垂直狀。

以斜剪鉗將銅線剪短至0.7cm後,以圓頭鉗捲成圓圈狀。

將乾了的葉面,以剪刀剪成鬚狀。

葉子轉繞作出造型,模擬金合歡的葉子,營造自然的感覺。

剪下3至4cm左右的鏈條,接到耳針上。

將羊毛球固定至鏈條上。

上層的羊毛球可安排較大且較密集,往下漸漸變小變疏鬆。

接上葉子後,即完成。

Eucalyptus

不對稱尤加利耳環

工具　平口鉗 · 圓頭鉗 · 斜剪鉗 · 剪刀 · 銼刀 · 錐子 · 木工用白膠 · 9號刺繡針 · 3mm 木珠數顆 · 4mm 木珠數顆 · 銅線 28 號 · 耳針或耳夾

材料　上漿後洋蔥皮染鐵媒染棉布 · 棉絨布（也可改成棉布）· 洋蔥皮染鐵媒染繡線

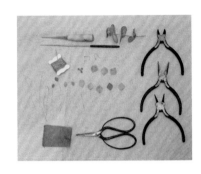

葉子

1 依紙型剪下上漿後的洋蔥皮染鐵媒染棉布、棉絨布。
1號、2號、4號、5號紙型，紙版正面以棉布剪2片、紙版反面以棉絨布剪2片。3號紙型正反面各以棉布剪3片、棉絨布剪3片。一樣大小的棉布葉片和棉絨布葉片為一組，黏合時才會契合。

28號銅線剪一段7cm，尖端摺起一小段，以白膠和棉布葉片固定，並黏上另一棉絨布片葉子。

待乾後，以錐子在葉面上劃出葉脈。

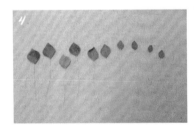

製作10片葉子，為五組對生葉子用。（3號紙型多一片葉子，為另一邊果子耳環備用）

如同玫瑰葉子的作法，穿針後的兩股繡線，穿過兩片最小的葉子後開始纏繞。

模仿尤加利葉的生長方式，交錯的對生。

第一組葉子（1號紙型）和第二組（2號紙型）呈現十字交錯，從1號由小到大交錯固定至5號葉子大小。

纏繞五組葉子之後，同玫瑰耳環收尾的作法，將剩下的銅線修剪成階梯狀，繼續纏繞。

以圓頭鉗捲出圓圈狀後以繡線打結收尾。

果子

裝上C圈和耳針或耳夾，即完成。

以銼刀將3mm與4mm木珠中間的洞磨大。（請留意不要磨掉太多，可能會導致木珠裂開）

以2股繡線穿針，不需打結，開始反覆穿入戳好洞的木珠。

繡線平整的繞滿木珠。

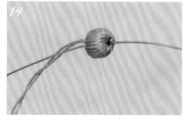

繞滿木珠後留著繡線不要剪斷，以長10cm的28號銅線穿過木珠。

銅線一端再穿入木珠。

尾端以平口鉗旋轉一圈後，將銅線拉到底，確認有卡住繡線，避免脫離木珠。

針穿過珠子下方的繡線。

開始平整的纏繞銅線。

以相同作法製作7顆（3mm、4mm木珠混合）。先將3顆纏繞成一束，另外再纏繞一束4顆的。

將兩束果實以繡線固定在一起。

加上一片作好的3號紙型葉子，一起纏繞固定。

收尾方式同玫瑰耳環，即完成。

Marguerite

瑪格麗特貼耳耳環

工具　圓頭鉗 · 斜剪鉗 · 平口鉗 · 剪刀 · 錐子 · 木工用白膠 · 9號刺繡針 · T針 · 小木夾 · 水滴狀棉珍珠2顆 · 耳針

材料　上漿後黑豆銅媒染棉布（朵）· 上漿後洋蔥皮鐵媒染棉布（花托）· 洋蔥皮明礬染羊毛球球（花心）· 洋蔥皮明礬染繡線（花心）

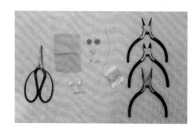

1 先依紙型剪下上漿後黑豆銅媒染棉布花朵2片，上漿後洋蔥皮鐵媒染花托1片（一朵花的片數）。

將剪下的花瓣黏在布片上，待乾後剪下。

花瓣中間對摺。

對摺後捏著花瓣在尖端剪下一小角。兩片花朵的六片花瓣都一樣於尖端剪下一小角。

以錐子在花瓣中心戳一個洞。

以錐子在花瓣上刻畫紋路。

兩片花朵的花瓣互相錯開，繡線穿針打結後，穿過中間的洞。

再穿過一個羊毛小球（作法同金合歡），針再穿回毛球中。

線繞針兩圈後，作法國結粒繡針法，再將針拉出來。

針再穿回毛球裡，多作幾個結粒繡在毛球上，有的可以穿過兩片花瓣中心部分，有的可以只穿過毛球。（如果線拉不出來，可使用平口鉗協助）

花瓣之間及花心之間，若不穩固呈現轉動，可以白膠固定補強。

花托單層中心以錐子戳一個洞，耳針從中間穿出，並以白膠固定。

在耳針圓盤上塗白膠，和花瓣黏合，可夾上小木夾輔助結合至乾燥。

將T針穿過棉珍珠，以鉗子摺成直角。剪至0.9cm後以圓頭鉗捲成圓圈狀。因為要裝在耳鈎上，圓可以大一點。

完成。

布花的原寸紙型

請取描圖紙或半透明紙張，描繪後剪下，將紙型固定於布料上裁布。

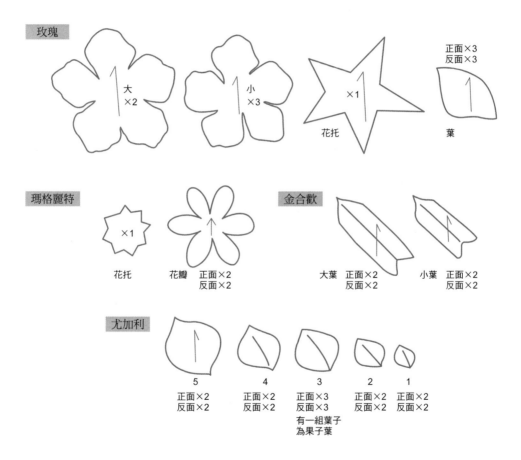

玫瑰

大
×2

小
×3

×1

花托

正面×3
反面×3

葉

瑪格麗特

×1

花托

花瓣

正面×2
反面×2

金合歡

大葉　正面×2
　　　反面×2

小葉　正面×2
　　　反面×2

尤加利

5
正面×2
反面×2

4
正面×2
反面×2

3
正面×3
反面×3

有一組葉子
為果子葉

2
正面×2
反面×2

1
正面×2
反面×2

Embroidery Earrings

刺繡耳環

小小的耳環，雖然刺繡面積小，利用
一些簡單的刺繡針法，也能讓初學者
輕鬆完成，呈現每個耳環的魅力！
除了刺繡技巧，再加上些許珠珠亮片
裝飾，更能增加整體的趣味性。可將
生活裡旅途中的美好，藉由各種刺繡
變化，以及玻璃珠珠的結合，自由的
享受手作的魅力喔！

服裝▶Studio WENS 溫室　戒指▶VIC WANG

Profile

Ruby 小姐（陳慧如）

　　拼布資歷 28 年，彩繪專研，刺繡創作職人。現為「八色屋拼布‧彩繪教室」負責人。具有日本手藝普及協會第一屆拼布、機縫指導員、彩繪講師資格；日本手藝普及協會第一屆「技法 100」「白線刺繡」「區限刺繡」講師、日本生涯協議會第一屆英國刺繡指導員、日本 sun-k もくもく mama 彩繪、森初子歐風彩繪、仁保彩繪、白瓷彩繪、ANGE 四人彩繪第一屆講師資格；Zhostovo 俄羅斯彩繪講師、日本 AUBE 不凋花講師、日本植物標本第一屆講師資格。著有《布可能！拼布‧彩繪‧刺繡在一起》一書。

　　因喜愛而進入了手作世界，近年來也吸引香港、澳門等地眾多學生來台學習。

🄵粉絲專頁：八色屋 拼布‧木器彩繪教室

耳環創作物語

　　喜愛手作的心，源自於我有一位很愛手藝的媽媽，更加幸運的是，手作也是陪伴著我走過青春歲月的好朋友！

　　製作過許多作品，耳環創作是一個非常有趣的新體驗，經常想著要如何將我喜愛的題材，設計成一個迷你可愛的小世界，也讓大家容易上手製作，有許多想法，當我以繡線一針一線將想法清晰的呈現在布上，作品雖小巧可愛，但完成作品的當下，那成就感不亞於平時製作的大作品呢！

　　在設計時，想像一下戴著耳環的愉悅心情，和各種思緒感想，是這次最開心的回憶紀錄。

Creative ideas

燦日銀杏

圖案 P.162

秋天裡，最耀眼又浪漫的
景色，就屬黃澄澄一片的
銀杏地毯了！
令人念念不忘的旅途中，
我在東京大學的銀杏大
道，看著散落一地的銀杏
葉，腦海裡浮現靈感，不
自覺跳出一片一片的銀杏
刺繡畫面，是懷念與創作
交織而成的美好共作。

Ginkgo

服裝・髮帶▶Studio WENS 溫室

利用釦眼繡表現微微立體的葉片紋理，與不規則的邊
緣，透明閃亮的鵝黃色玻璃珠，像極了飄落時陽光照耀
的黃金雨，彷彿置身在當時的景色，怦然心喜。

Beautiful Things

女孩的抽屜 圖案 P.163

看著百貨櫥窗裡的展示，憶起年少時的青春歲月，我總愛和閨蜜們一起逛街購物的美麗時光。包包、帽子、各式配件，是最經典的陪伴。

運用初學者也能上手的基礎回針繡表現編織的效果，意外的好搭，令人驚喜！加上一點金蔥線，點綴少女鍾愛的物品們，展露青春活力感，是我很喜歡的系列作品。

服裝▶Studio WENS 溫室　帽子▶模特兒私物

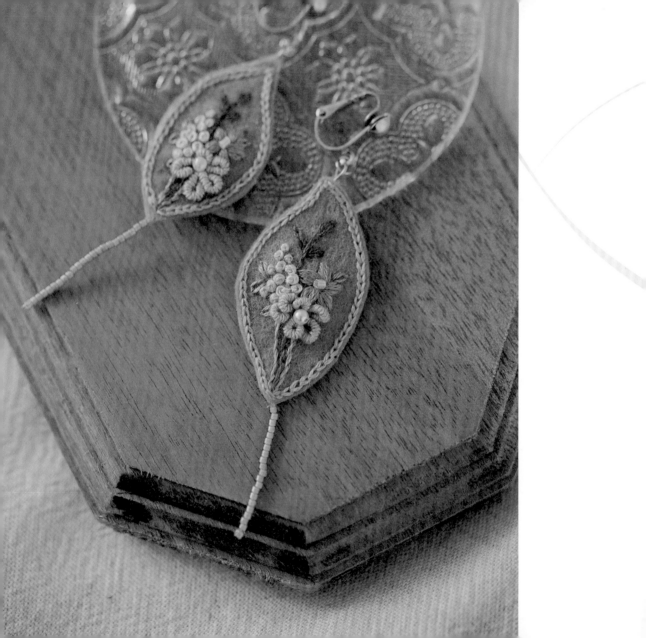

Spring days

春日扉頁 圖案 P.162

美麗的花朵，總有屬於她的葉子襯
托，紅配綠，是最美的組合。
兩者合一，才能呈現最美的平衡。
運用捲線繡、雛菊繡、結粒繡，就能
簡單組合成美麗的畫面，為春日來臨
的全新扉頁，開啟浪漫的無限綺想。

Hydrangea

服裝▶Studio WENS 溫室

搖曳紫陽 圖案 P.162

紫陽花盛開的季節，宛如童話般一球
球鋪成的花海，總是能吸引不少花迷。
在走向鎌倉賞花的道路上，即使是不
起眼的路邊或轉角，只要出現它的蹤
影，平凡的角落，也能成為微美的小
風景。

紫陽花小巧可愛的花瓣，以編織捲線
繡表現那小小微捲的姿態，再加上亮
片、玻璃珠的點綴，串起一球一球的
旅日記憶，在創作之際，也同時記錄
了那一段美好又難忘的幸福之旅。

基本工具介紹

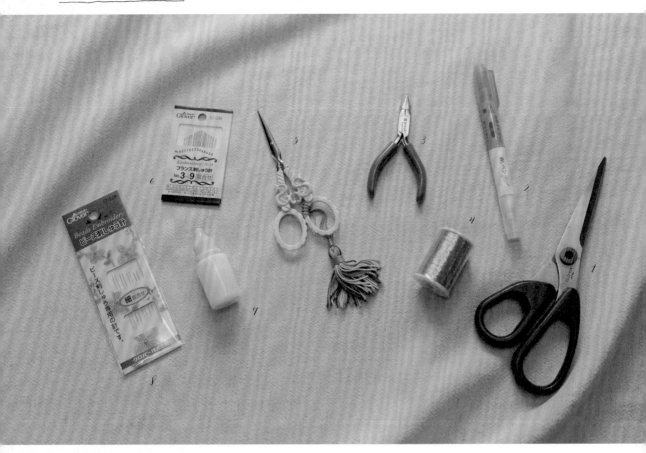

1. 剪刀　　4. 金蔥線　　7. 白膠
2. 水消筆　　5. 線剪　　　8. 串珠針
3. 圓頭鉗　　6. 刺繡針

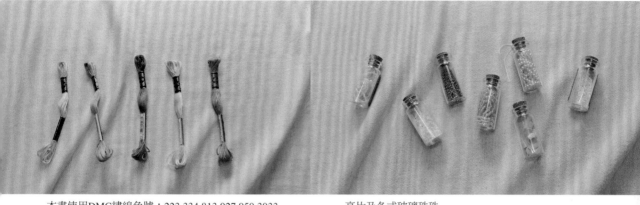

本書使用DMC繡線色號：223.334.813.927.950.3033. 3347.3053.3362.3722.3778.3822.3823・金蔥線

亮片及各式玻璃珠珠

耳夾　*a.* 三角耳夾　　*D.* C 圈　　*g.* 魚耳鉤
　　　B. U 型耳鉤　　*E.* 9 針
　　　C. 螺旋式耳夾　*F.* 魚耳鉤

各色羊毛不織布

基本技巧

繡線的使用方法

從標籤處抽出繡線。

抽出約60cm的繡線。

穿線

將繡線一股一股抽出。

在約2cm處將針線疊放在一起。

將線對摺。

將線對摺,摺雙處壓扁,較易於穿線。

繡線起針&結尾的收線方法

以針尾繞線，較不易勾到繡線及布料。

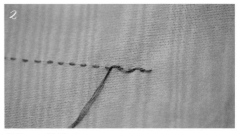

繞約4、5針即可。

繡線的使用方法

將針放在右手，左手拉線，接著將繡線在針上繞兩圈。

左手輕輕捏著繞線部分，右手輕輕拔針。

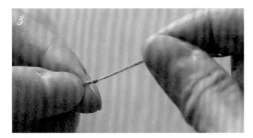

打結完成。

基礎繡法

平針繡

起針時，請先預留一段繡線後再起針。

依照圖形規律地繡出平針。

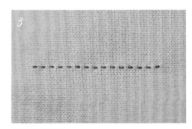

完成平針繡。

直針繡

於出針處垂直入針，在斜左上出針。

依序連續刺繡。

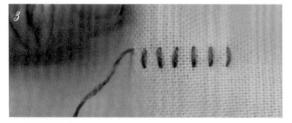

連續進行直針繡。

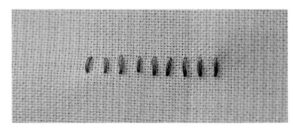

完成直針繡。

輪廓繡

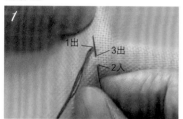

把布打直，將線放置左側。

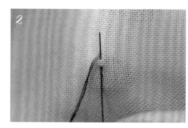

於針目一半出針。

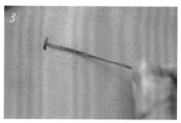

完成一針。

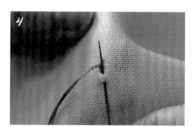

進行輪廓繡連續動作。

完成輪廓繡。

回針繡

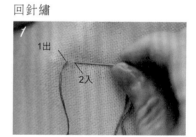

於起針處往前入針。

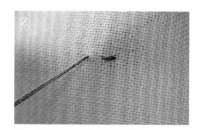

離一個回針針目的距離出針。

依序連續刺繡。

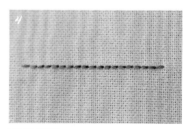

完成回針繡。

基礎繡法

雛菊繡

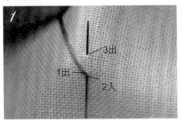

將線置於上方，於出針處入針，依所需距離出針。

將針拔出。

將線輕輕往前，拉至所需針目的大小。

在前方入針固定。

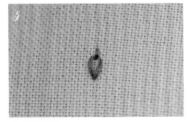

完成雛菊繡。

完成5個雛菊繡，即可完成一朵小花。

小花的作法：雛菊繡＋直針繡

先完成一個雛菊繡後，將繡線順平整，再進行一針直針繡。

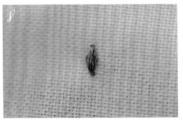

完成雛菊繡＋直針繡。

完成5個雛菊繡＋直針繡，即可作出具有立體感的小花。

鎖鍊繡

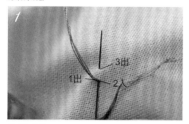

將繡線放置上方，從出針處入針，確定針目大小。

將線放置於上方，確定好針目大小距離再出針。

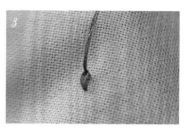

拔針並輕輕拉線，形成一個小水滴狀，完成一個鎖鍊繡。

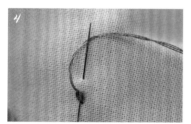

依序連續進行鎖鍊繡。

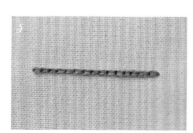

完成鎖鍊繡。

飛舞繡

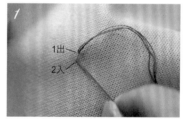

起針時先作一個直針繡。

接著作出如同Y字的飛舞繡。

繡好一個Y字後即入針，飛舞繡即完成。

連續進行動作，完成飛舞繡。

基礎繡法

結粒繡

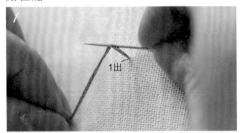

在出針處，左手拉線，右手拿針。

將線在針上繞2圈（繞線的次數可調整結的大小）。

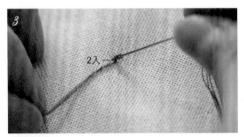

離出針處約0.1cm入針固定，並將繞線部分往下移靠近布上。

將線輕輕往下拉，形成一個小結粒繡。

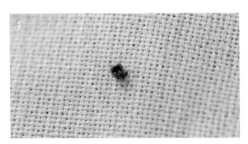

完成結粒繡。

捲線結粒繡

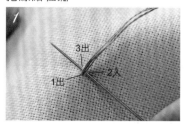

在1出針，在隔一支紗的2入針，再隔約一支紗的3出針。

將針暫時固定於布上，再將繡線輕輕於針上大約繞10圈（繞線次數可以改變圈圈的大小）

拉線時，右手輕輕一邊轉針一邊拔針。

拉線時，大拇指輕輕按住並輕輕轉，線的鬆緊較平均。

繼續拔針拉線。

輕柔地將線慢慢拉出。

拉線完成即成為一個小圈圈。

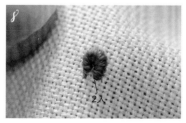

在2處入針即完成。

可依不同繞線的次數，調整線圈的大小。

基礎繡法

釦眼扇形繡

在1出針，依所需的距離2入針，挑2支紗在3出針。

預留所需長度的大小。

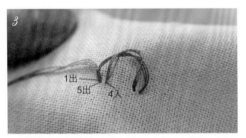

在距離1約2支紗的地方4入針，並在1的附近5出針，再調整釦眼扇形繡的大小。

以大拇指輕按線圈，依著線圈由內往外穿出線進行釦眼繡。

將線拔出。

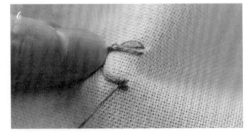

調整至出針處，接著重複此動作。

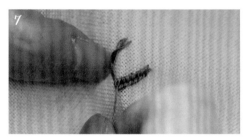

依序重複此動作。

6入

在1的位置6入針。

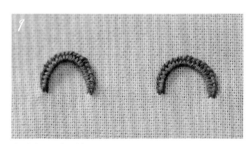

完成釦眼扇形繡。

基礎繡法

單邊編織捲線繡

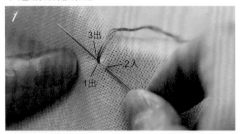

在1出針，2入針後，在3出針（即1的位置），且暫時不拔針。

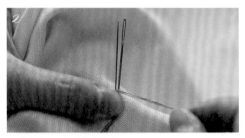

接著增加一支針來增加寬度，可固定於布上較好操作。

右手將線轉一個圈。

將線圈鬆鬆的套在針上。

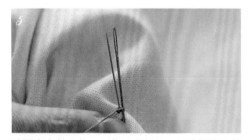

線圈套在針上後，再移至出針口，並重複此動作12次。

接著將增加寬度的針先移出。

移除針的模樣。

大拇指輕輕按著，並拔針拉線。

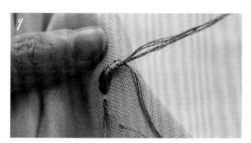

拉線到一半的模樣。

大拇指輕輕按著調整形狀，拔針拉線即完成。

在2入針，即完成單邊編織捲線繡。

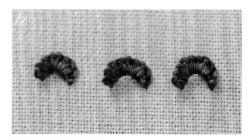

單邊編織捲線繡完成。

Hydrangea

搖曳紫陽

運用單邊編織捲線繡，完成4個小花在不織布上的直徑0.5cm圓形範圍內。

將完成的繡球花瓣剪下，留下約1cm的圓形。

不織布剪下的圓請比整朵花的面積小。

花芯：取兩股繡線，在中心處以直線繡進行放射狀縫法，縫數針。

花芯的直線繡完成。

將線從中心出針至正面，再穿入亮片及玻璃珠裝飾。

亮片及玻璃珠組合。

裝飾完成，即完成一個花瓣。

製作一朵花共需要4個花瓣。

以雙線沿著不織布的邊緣縮縫一圈。

先不剪線，並將其它三組花瓣縮縫且串連在一起。

四組花瓣串連在一起。

縮縫完成後稍稍拉緊，並將四片不織布互相縫合加強固定。

縫合固定後即打結，接著穿入玻璃珠當葉梗。

依序將玻璃珠，造型珠，魚耳鉤穿入固定，再穿回玻璃珠到花瓣中心後打結。

16

組合玻璃珠、造型珠及魚耳鉤。

17

如圖將縫線穿回。

18

完成作品。

Ginkgo

燦日銀杏

描圖＆刺繡　圖案 P.162

以水消筆，將紙型描繪於不織布上。

紙型描繪完成。將其餘圖案線條，以水消筆描上。

依照圖稿繡法指示完成刺繡。

玻璃珠裝飾

以金蔥線將玻璃珠以回針縫固定。

出針及入針的距離是依照玻璃珠大小決定。

串珠完成。

不織布的基本作法

離完成線約0.2cm處，將多餘的不織布剪下。

修剪完成。

葉梗的作法

以金蔥線取雙線打結後，由背面起針。

以雙線在不織布背面的尾端處固定。

將玻璃珠串入針內。

串入所需的玻璃珠當葉梗。

耳夾作法 / 魚耳鉤

準備魚耳鉤。

接著將葉梗穿入魚耳鉤組合。

並穿回玻璃珠至不織布的尾端。

回穿至尾端的模樣。

接著在背面打結固定。

與魚耳鉤的組合完成。

背面處理

將白膠薄塗於整個背面。

將塗好白膠的不織布，黏在薄皮片的背面。

待白膠乾了之後，再將多餘的薄片剪下。

作品圖案附錄

- 除了指定處之外，全部使用 2 股線。
- 繡法後方數字為繡線色號，本書作品皆使用 DMC 繡線。
- 作品基礎作法請參考書中 P.159 至 P.161。
- 珠珠的數量及種類請依個人喜好搭配使用。

燦日銀杏

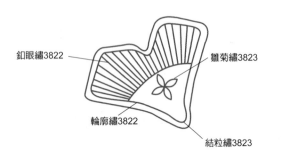

釦眼繡3822

雛菊繡3823

輪廓繡3822

結粒繡3823

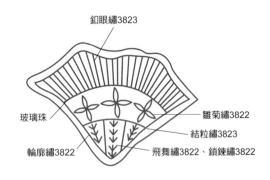

釦眼繡3823

玻璃珠

雛菊繡3822

結粒繡3823

輪廓繡3822

飛舞繡3822、鎖鍊繡3822

春日扉頁

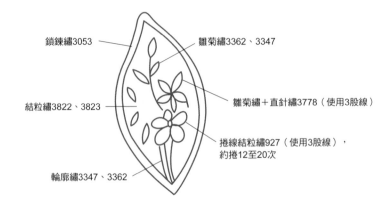

鎖鍊繡3053

雛菊繡3362、3347

結粒繡3822、3823

雛菊繡＋直針繡3778（使用3股線）

輪廓繡3347、3362

捲線結粒繡927（使用3股線），
約捲12至20次

- 除了指定處之外，全部使用 2 股線。
- 繡法後方數字為繡線色號，本書作品皆使用 DMC 繡線。
- 作品基礎作法請參考書中 P.159 至 P.161。
- 珠珠的數量及種類請依個人喜好搭配使用。

女孩的抽屜

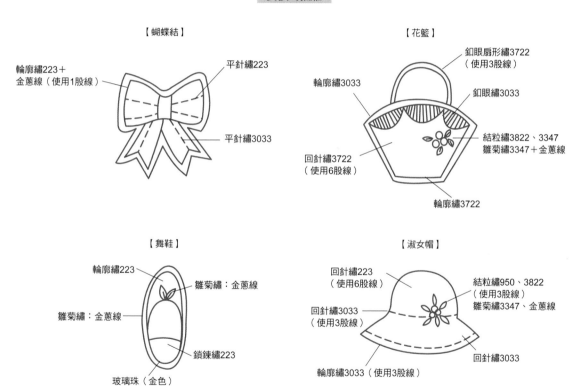

【蝴蝶結】

輪廓繡223＋
金蔥線（使用1股線）

平針繡223

平針繡3033

【花籃】

釦眼扇形繡3722
（使用3股線）

輪廓繡3033

釦眼繡3033

結粒繡3822、3347
雛菊繡3347＋金蔥線

回針繡3722
（使用6股線）

輪廓繡3722

【舞鞋】

輪廓繡223

雛菊繡：金蔥線

雛菊繡：金蔥線

鎖鍊繡223

玻璃珠（金色）

【淑女帽】

回針繡223
（使用6股線）

結粒繡950、3822
（使用3股線）
雛菊繡3347、金蔥線

回針繡3033
（使用3股線）

輪廓繡3033（使用3股線）

回針繡3033

THE HAND MADE MARKET 手作小市集 1

耳環小飾集
人氣手作家の好感選品25

作　　　者／郭桄甄・張加瑜・王伯毓
　　　　　　Amy Yen・Nutsxnuts・RUBY 小姐
發　行　人／詹慶和
執　行　編　輯／劉蕙寧・黃璟安
編　　　輯／蔡毓玲・陳姿伶
執　行　美　編／韓欣恬
美　術　編　輯／陳麗娜・周盈汝
攝　　　影／Muse Cat Photography 吳宇童
模　特　兒／小淳
出　版　者／雅書堂文化事業有限公司
發　行　者／雅書堂文化事業有限公司
郵政劃撥帳號／18225950
戶　　　名／雅書堂文化事業有限公司
地　　　址／新北市板橋區板新路 206 號 3 樓
網　　　址／www.elegantbooks.com.tw
電　子　郵　件／elegant.books@msa.hinet.net
電　　　話／(02)8952-4078
傳　　　真／(02)8952-4084

2021 年 01 月初版一刷　定價 380 元

國家圖書館出版品預行編目(CIP)資料

耳環小飾集：人氣手作家の好感選品25 / 郭桄甄・張加瑜・王伯毓・Amy Yen・Nutsxnuts・RUBY小姐著.
-- 初版. -- 新北市：雅書堂文化, 2021.01
　面；　公分. --（手作小市集；01）
ISBN 978-986-302-574-0（平裝）

1.裝飾品 2.手工藝

426.9　　　　　　　　　　　　109020608

經銷／易可數位行銷股份有限公司
地址／新北市新店區寶橋路 235 巷 6 弄 3 號 5 樓
電話／(02)8911-0825　傳真／(02)8911-0801

3/12 HGA 이 D